AF318084

LETTRE

ECRITE DE..::

à un

A M I

D'AMSTERDAM,

Sur la Question, dont on dispute aujour-
d'hui, savoir si l'an 1700. est le com-
mencement du dix-huitiéme Siécle : a-
vec un Almanac perpetuel , frappé en
Medaille, & gravé en taille douce, a-
vec l'explication necessaire pour s'en
servir.

A AMSTERDAM,
Chez NICOLAS CHEVALIER, Mar-
chand Libraire, sur le Rokin, au Chevalier Curieux, M.D.CC.

AVIS du LIBRAIRE

AU

LECTEVR

CVRIEVX.

LA Lettre qu'on publie ici, m'étant tombée entre les mains, j'ai crû, que je devois la mettre sous la presse, pour la satisfaction des Curieux. Elle traite d'une matiere, qui à fait bien du bruit, & qui cause même des contestations entre d'habiles gens. Mais le sentiment de l'Autheur y est expliqué si nettement, & il fait voir l'erreur de ceux, qui pretendent, que cette année 1700. est la premiere année du dix-huitiéme siécle, avec tant de precision: Il donne même une Idée si nette de ce sujet, que je me suis determiné à la rendre publique pour la satisfaction des honnêtes gens, & pour l'instruction de ceux, qui peuvent hesiter sur le parti, qu'ils doivent prendre.

On y a joint un Almanac perpetuel frappé en Medaille, & pour la commodité du Public, on l'a fait graver en taille douce. On trouvera à la fin de la Lettre l'explication de cet Almanac. On l'a renduë la plus facile, & la plus intelligible qu'on a pû, afin qu'on apprît sans peine à s'en servir. Ceux qui la liront avec un peu d'application, comprendront d'abord, qu'on y peut rencontrer plus promtement que dans aucun autre Almanac de cette nature, la suite & la date des jours de chaque mois, selon le vieux, & le nouveau Style. La methode de cet Almanac fournit le moïen sûr de savoir à point nommé, quel jour de la semaine sera le commencement de l'année, ou quel sera le premier, & le second d'une année bissextile. Mais il montre encore plusieurs autres choses curieuses, qui sont developpées dans l'explication qu'on en donne. On a crû, qu'on devoit imprimer cette explication à la suite de la Lettre, dont on a parlé. Cela s'est pourtant executé de telle maniere, que ceux qui ne voudront point se charger des deux pieces, lesquelles sont pourtant assez courtes, pourront avoir l'une ou l'autre à leur fantaisie, & même l'Almanac seul, s'ils le trouvent à propos.

Au reste comme nous sommes entrez en l'an 1700. & que l'on a travaillé à

ce

*ce deſſein dans le temps que l'on contoit
16..... il a été impoſſible de retoucher
toute cette explication, ſur tout ce qui ſe
trouve dans la page 12. comment on pourra trouver à coup ſûr ſur la Medaille,
ou ſur la Taille douce &c. Mais le Le-
cteur judicieux ſuppléera aiſément à cela
en mettant 1700. au lieu de 1600. & en
ſuivant la methode, qui eſt marquée dans
cette explication.*

*Au reſte ſi cet Ouvrage eſt bien reçu du
Public, on eſpere de le faire ſuivre bien tôt
d'une Medaille curieuſe & utile tout en-
ſemble. Elle contiendra la ſuite cronologique
des Rois d'Angleterre, leurs Noms, le jour
de leur Couronnement, & celui de leur mort.
On y joindra une courte explication de
leur Hiſtoire, pour rendre la choſe aiſée.
Tout cela ſe trouve chez Nicolas Chevalier, ſur le Rockin, au Chevalier curieux, chez lequel on peut avoir auſſi
toutes ſortes de Livres nouveaux, des Cu-
rioſitez antiques & modernes, & pluſieurs
raretez, qui meritent la peine d'être vuës.*

LET-

LETTRE

Ecrite de M. . . . à un

AMI

D'AMSTERDAM,

*Sur la Question qui s'agite aujourd'hui,
savoir, si le dix-huitiéme siécle commence avec l'année. 1700.*

MONSIEUR,

Vous me parlez dans vôtre derniére Lettre, d'une chose, qui me surprend; je ne croiois pas qu'on pût, ni que l'on dût la mettre jamais en question. Vous m'apprenez pourtant, qu'on dispute pour savoir, si la presente année 1700. est la fin du dix-septiéme siécle, ou si elle est le commencement du dix-huitiéme. Je ne croiois pas que la chose pût avoir la moindre difficulté. Mais je suis bien plus étonné

de

de la décifion, que quelques gens font
de cette queftion. Vous m'apprenez
encore, que des perfonnes habiles cro-
ient, & foutiennent même fortement,
que nous fommes dans un nouveau fiécle, lequel commence avec cette année : qu'ainfi nous voilà entrez dans le
dix-huitiéme fiécle, & que le dix-feptiéme eft abfolument achevé.

Je vois en cela, que les efprits font
étrangement tournez aujourd'hui. Tout
devient problematique. On s'entête
de certaines opinions, parce qu'elles
ont quelque chofe de fingulier, d'ex-
traordinaire, de brillant. Sur tout on
s'y abandonne, quand on en eft Autheur, ou qu'en tout cas on a inventé quelque raifon nouvelle pour les fou-
tenir. On fe plaît beaucoup aux nouveautez, aux penfées hardies, qui ont
quelque chofe d'éblouïffant. On fe fait
même une efpece de devoir de les dé-
fendre, & de les faire valoir. Autrefois
on fe piquoit de raifons folides, &
bien appuiées. Mais prefentement on
fe contente de quelque probabilité
plaufible & apparente.

Si nous vivions dans la dépendan-

ce

ce de Rome , je ne trouverois pas é-
trange , que l'on embraffât le parti ,
que vous m'apprenez , que bien des
gens ont choifi fur la queftion , dont
il s'agit. Les Papes s'attribuent le don
d'infaillibilité. Quand donc il leur eft
arrivé de décider quelque article , les
bons Catholiques fe mettent l'efprit à
la gêne, pour inventer des raifons, qui
donnent, s'ils peuvent, du poids, & de
la valeur aux Décifions de leurs Pontifes. On fait, que l'efprit humain eft
fertile & abondant. S'il ne trouve pas
toûjours des raifons fortes & convain-
cantes, capables de perfuader la verité des opinions qu'il embraffe , il en
invente du moins, qui ont de la vrai-
femblance, & de la probabilité.

En tout cas, on fait aujourdhui donner un tour avantageux, à ce que l'on
dit. Moïennant cela on fait paffer
pour bonnes des raifons qui ne valent
gueres dans le fonds. Je pourrois bien,
Monfieur , vous en citer beaucoup d'-
exemples , que vous ne désapprouve-
riez pas. Mais cela m'écarteroit trop
de mon fujet. Elles fe difent même
plus

plus sûrement à l'oreille, qu'elles ne se peuvent coucher dans un écrit imprimé. Quoi qu'il en soit, ce tour avantageux suffit pour les Catholiques dévots, & en même temps il suffit aussi pour entraîner les gens, qui sont amateurs des nouveautez. On sait que le monde ne raisonne pas toûjours comme il faudroit. Je ne sai, si peut-être on ne veut pas se donner toute la peine nécessaire pour cela, dans la vuë de prévenir l'erreur, ou l'illusion, ou si l'on donne facilement dans les singularitez, sans prendre toutes les précautions propres à se garantir de la surprise. Mais enfin il est certain, qu'on se laisse aisément surprendre aux apparences.

C'est ce qui arrive sur tout aux bons & francs Catholiques, qui tout pénétrez de la grande idée, qu'ils ont de leurs Papes, font souvent d'admirables Commentaires sur leurs Décisions. Il n'est pas étrange, que des gens de cette trempe remplis de l'année sainte; comme le Pape appelle l'année du Jubilé, qu'on celebre presentement, se soient mis en tête, que cette année 1700. soit

le commencement du dix-huitiéme
fiécle. On fait que des Iefuïtes ont vi-
goureufement difputé fur ce fujet, dans
des voitures publiques, contre ceux, qui
n'étoient pas de leur opinion. Mais
pour nous, Monfieur, *qui colimus Mu-
fas feveriores*, nous devons bien nous
garder de donner dans ces bagatelles.

A propos de Pape & de Iubilé, per-
mettez moi, je vous prie, de faire ici
une petite digreffion avant que de venir au fujet, dont j'ai deffein de vous
parler. Il eft arrivé plufieurs fois aux
Pontifes Romains de celebrer des Iubilez féculaires, comme celui-ci. C'eft
pour cela, qu'ils ont donné le nom
d'année fainte à l'année du Iubilé, en
quoi ils ont parlé comme Moïfe *Lev.*
2 5, lors qu'il inftitua le Iubilé parmi les
Ifraëlites felon l'ordre exprés de Dieu.
Boniface VIII, Pape célébre par fon ambition, par fon orgueil, par fes violences
& par fa mort tragique, inftitua autrefois le Jubilé. Cela fe fit dans le XIII. fiécle. Il n'y a rien de plus beau en apparence, que les motifs, qu'il a eu d'inftitu-
er cette fête folemnelle parmi les Chrétiens. Ses Succeffeurs ont encheri par
def-

deſſus lui ; & ont rendu des raiſons touchantes de l'indiction de leurs Iubilez. On en a le cœur tout penetré, quand on les lit, tant il y paroit d'ardeur, de zéle & de ſainteté. Vous pouvez lire la Bulle, qu'Innocent XII, a publiée pour le Ieûne moderne. Il a aſſez bien imité les maniéres tendres & touchantes des Apôtres.

Vous êtes trop habile, Monſieur, pour vous laiſſer ſurprendre à cet artifice. Tout ce grand empreſſement des Papes à mettre les Chrétiens en état de ſe réjouïr de la miſericorde de Dieu en Ieſus Chriſt, & de travailler utilement à leur ſalut, aboutit dans le fonds à gagner beaucoup d'argent, & à vuider la bourſe des Pelerins, qui vont gagner les pardons, & les indulgences à Rome. Ordinairement les Papes ſont vieux, caſsez, preſque moribons. Ils ſe hâtent donc, autant qu'ils peuvent, d'enrichir leurs Neveux. Ils amaſsent tout l'argent, qu'ils peuvent, & tirent profit de tout. Le Iubilé leur eſt fort commode pour cela. Quand le bonheur veut, qu'ils attrapent la fin d'un ſiécle, ils ne manquent pas de ſe ſervir de l'occaſion du Iubilé ſeculaire.

C'eſt

C'eſt pour cela , que dans le deſſein d'engager les peuples à donner plus facilement dans le piége , ils publient de grandes Indulgences , & promettent le pardon aſſuré à tous les Pelerins , qui iront faire leur Iubilé à Rome, dans les Egliſes , que le Pape déſigne pour cela.

Mais comme tout leur but eſt de gagner aux dépens des Devots, ils font comme le Pape mort , ou mourant , vient de faire. Ils ſuſpendent toutes les Indulgences , même les plénieres, que leurs Prédéceſſeurs , ou eux mêmes peuvent avoir accordées à diverſes Confrairies , à divers Ordres de Moines , à diverſes Egliſes particuliéres. Ils attachent donc tous les pardons du Iubilé ſéculaire à certaines Egliſes de Rome , afin de profiter ſeuls des richeſſes, qui s'amaſlent dans ces occaſions. Le pauvre Pape Pignatelli Innocent XII. s'eſt pourtant bien abuſé. Apparemment il ne jouïra pas du revenu de tout ce Iubilé. Il n'eſt pas en état de vivre aſſez longtemps pour cela. Cependant la Bulle pour la ſuſpenſion de toutes les Indulgences,

hors

hors celles des trois Eglifes de Rome,
lui a attiré le chagrin d'un grand nombre de Prêtres & de Moines , parce
qu'il leur ôte le moïen d'acquerir de
grandes richeffes pour fe les appliquer.

Quoi qu'il en foit, on fait que l'E-
glife Romaine célébre des Iubilez , a-
vec tout l'éclat, & avec toutes les cérémonies pompeufes, dont elle a pu
s'avifer. Son culte eft tourné tout en-
tier du côté des fpectacles. Elle cherche de l'apparence en toutes chofes.
Son but eft en cela d'attirer les gens
par les yeux & les oreilles. N'aiant rien
de folide, qui foit propre à former le
cœur à la pieté , elle fait au moins ce
qu'elle peut pour amufer les peuples,
pendant qu'elle travaille d'ailleurs à attirer leur argent. Peu de gens refié-
chiffent fur leur propre coeur, pour le
former à la Devotion par des moïens
capables d'y contribuer en la rendant
vive & pure. On fe laiffe prendre ai-
fément par la pompe d'un culte magni-
fique dans fon apparence fenfible, dans
fes ornemens , & dans tout ce qui l'ac-
compagne. On trouve de la facilité,

& de l'agrément même à y affifter pour
en remplir les devoirs. Cependant on
y eft malheureufement trompé par ces
beaux dehors, aprés qu'on a confumé
bien du temps dans cette vaine occu-
pation, l'Ame fort des lieux publics
auffi vuide qu'elle y étoit entrée, & s'en
retourne fans aucun progrés dans la
pieté.

Rome a une politique d'autant plus
raffinée, en cela, que fes peuples ne s'en
apperçoivent point. Elle connoit la
foibleffe ordinaire du cœur humain, &
le peu d'attachement, que les hommes
ont à la folide pieté. Elle les amufe
donc par des fpectacles éblouïffans. Mais
elle ne penfe au fonds qu'à fes interêts.
Elle cherche tous les moïens imagina-
bles de s'enrichir, & d'augmenter fon
Empire. Dans la verité pourtant fes
Devots font les duppes de fon avarice,
& de fon ambition. C'eft pour cela,
qu'elle à étably les Jubilez dans l'Egli-
fe Chrétienne. Elle en à trouvé l'in-
ftitution faite parmy l'Ancien Ifraël.
Lev. 25. Elle a crû, que la chofe é-
toit propre à donner dans la vuë des
Peuples. Elle s'eft donc avifée d'en

tranf-

tranſporter l'uſage dans l'Egliſe Chrétienne. Elle a trouvé le ſecret en cela
de ſe faire un revenu conſiderable à coup
ſûr par le moïen de ſes indulgences, C'eſt
ce qui ſe voit d'une maniere ſenſible dans
le preſent Iubilé. Le Pape en attache
tous les profits à Rome, & pour cet
effet il ſuſpend toutes les Indulgences
accordées à d'autres lieux. On voit bien
ce que cela veut dire.

Les grands avantages, que les Papes
tirent de ces Jubilez, leur a donné lieu
de les multiplier, autant qu'ils ont pû.
S'ils euſſent ſuivi l'inſtitution de Moïſe, ils n'euſſent pas aſſez gagné. On
ne les celebroit autrefois que tous les cin-
quante ans. Pluſieurs Papes, qui vouloient
en profiter, les ont fait célebrer tous
les vingt cinq ans. Mais entre leurs
Jubilez ils n'en ont point de plus céle-
bres, que ceux que l'on appelle ſéculaires, par ce qu'ils finiſſent un Siécle,
& qu'on en voit renaître un nouveau.

Autre ſolemnité remarquable que
Rome moderne a empruntée de l'Anci-
enne, Tout le monde ſait que les anciens
Romains, célébroient autrefois de grandes

ſes fêtes , lors qu'ils finiſſoient un ſiécle, & qu'ils en recommençoient un autre. Ils avoient établis de grandes ſolemnitez pour rendre ces temps-là plus magnifiques, & plus remarquables. Ils avoient des Jeux particuliers inſtituez expreſſement pour divertir le Peuple. Un Heraut public l'avertiſſoit de ſe préparer à voir ce qu'il n'avoit jamais vû, & ce qu'il ne verroit que cette fois là ſans plus.

Les Romains d'aujourdhuy, qui ſont friands de ſpectacles, comme les Anciens, ont voulu les imiter à cet égard. La gravité de la Religion chrétienne les a peut-être empechez de célébrer les Iubilez ſéculaires par des Ieux publics. On peut dire pourtant que l'ame de céremonies, dont ils accompagnent l'ouverture de cette fête eſt une veritable farce. C'eſt quelque choſe d'aſſez plaiſant en effet de voir, un vieux Prêtre décrépit, preſque moribond, & tout croulant de caducité, tels que ſont ordinairement les Papes, qu'on améne devant une porte dorée. Il eſt revêtu de ſes habits pontificaux , & frappe cette porte d'un marteau doré, qu'il a à la main.

main. Il repete cette action par trois fois, & dit à chaque fois ces paroles du Pf. 118. *Aperite portas justitiæ &c.* Ouvrez les portes de justice &c. Voilà pourtant, ce qui attire presentement à Rome, ce grand nombre d'étrangers qui se trouvent aujourd'hui en Italie; sur quoi je ne diray rien, par ce qu'il y auroit trop à dire. Nous vous renvoyons à un ouvrage, qui s'imprime à present sur cette matiere, chez Monsieur *Nicolas Chevalier*, avec figure, qui vous pourra satisfaire ; c'est pour quoy, Monsieur, il faut finir ma digreffion, qui n'est peut-être que trop longue. Je vous avouë , que je n'ai pû refifter à la tentation de dire un mot du Jubilé. Auffi bien le Jubilé a donné lieu à la queftion qu'on agite aujourd'huy. Je ne fai, quel en peut être le fondement. Je veux croire, que ceux, qui en difputent, regardent cette affaire plûtôt comme un jeu d'efprit, que comme un amufement férieux. J'apprens pourtant qu'on en difpute avec beaucoup de chaleur. Cela ne fe fait que par des gens, qui ont du temps à perdre. Des perfonnes occupées uti-

B

le-

lement ne s'atacheront point à une queftion aufsi vaine que celle-là. Il faut
pourtant que je fatisfaffe à vôtre de-
fir, & que je réponde tout de bon à
la queftion.

Comme je ne fai point, ce que l'-
on a publié, fur cette matiere, ni quelles font les raifons, fur lefquelles on
prétend fonder l'opinion du nouveau
fiécle, qui commence avec cette année 1700.& qui doit eftre le dix-huitiéme;que même je ne me foucie pas beaucoup de les favoir,je me contenterai de
vous dire ma penfée le plus nettement,
que je pourrai.Ie n'en parlerai qu'un peu
plus naturellement. I'efpere pourtant,
que je mettrai la chofe dans un tel degré
d'évidence, qu'on aura bien de la peine à combattre mon opinion, & à fou-
tenir celle, qui luy eft oppofée. Vous
en jugerez, Monfieur, vous qui jugez
fi delicatement, & fi finement de toutes chofes,fans vous laiffer prevenir par
de faux prejugez.

Ie dis donc que cette année 1700.fi-
nit le fiécle dix-feptiéme, & que quand
on commencera de conter 1701. on
commencera auffi le nouveau fiécle,qui

fera

fera le dix-huitiéme. Ainſi je pretens, qu'au moment, que l'année 1700. finira, on fera en état de conter le premier moment, la premiere heure, la premiere ſemaine, le premier mois, la premiere année de ce nouveau ſiécle. Ainſi le premier moment, la premiere heure, le premier jour &c. de ce nouveau ſiécle, commenceront préciſement de la maniere, que je le poſe. J'ai toûjours remarqué que l'on contoit ainſi, un, deux, trois, quatre, &c.

Il faut ajoûter à cette obſervation, que les Hommes ont trouvé à propos de compoſer le ſiécle, de cent ans complets & révolus. Les Olympiades chez les Grecs étoient de quatre ans. Le Luſtre parmi les Romains comprenoit cinq ans entiers. Le Jubilé des Iuifs ſe celebroit toûjours la cinquantiéme année, aprés que les ſept fois ſept ans étoient accomplis. Cela poſé, ſi la centiéme année faiſoit le commencement du ſiécle ſuivant, il faudroit qu'en remontant de l'un à l'autre, le premier n'eut été que de quatre-vingt dix neuf ans. Ce qui feroit abſurde dans l'opinion commune, & generale. Car comme je l'ai marqué on aſſigne ordinairement cent ans pour un ſiécle, ni plus

ni moins. Il paroît, que la chose doit
être ainsi, & qu'on n'en peut pas même
douter avec aucune apparence de raison. Si le premier siécle, a été de cent
ans pleins, & entiers. Il ne peut jamais
arriver, que la centiéme année, soit le
commencement d'un autre siécle. Elle
doit toûjours faire la clöture du siécle
précedent, lequel n'est achevé, à parler
proprement, que quand cette centiéme
année est compléte, & revoluë.

Ie ne m'arreteray pas ici à plusieurs
petites raisonnettes, que je pourrois al-
leguer en faveur de mon opinion, parce
que je ne veux point battre le païs i-
nutilement. Aprés tout une bonne &
solide raison suffit souvent, la multitu-
de des preuves ne sert qu'à embarasser
les matieres. Voici à mon avis ce qu'on
doit dire sur ce sujet pour en parler sai-
nement, & pour prendre le veritable
parti, qu'il faut prendre en cette occa-
sion. C'est d'établir la veritable maniere de conter les années. Ie soutiens donc,
qu'il faut recourir pour cela à l'origine
du monde, si l'on veut avoir une supputation exacte des siécles en supposant toûjours, ce que nous avons dit, que le siécle
est de cent ans. Car on doit garder le
mê-

même ordre dans la supputation des années d'un siécle, que dans celle des années, des mois, des semaines, des jours
& des heures.

Cela étant ainsi établi, j'ajoûte que le
temps a commencé avec le Monde. Le
temps en effet n'est autre chose que la
durée du monde. Avant cela c'étoit l'é-
ternité. Alors il n'y avoit point de tems,
car le tems & le monde marchent d'un
pas égal. L'éternité n'a point cessé pour
cela. La raison en est, qu'elle ne peut
point s'anéantir. Elle coule toûjours, si
pourtant on peut dire qu'elle coule. Car
en effet l'éternité n'est point un assem-
blage de momens, qui se succedent les
uns aux autres. L'éternité, disent les Phi-
losophes, n'admet point de *prius*, ni de
posterius, de premier, de second, de troisiéme moment, &c. L'éternité n'a point
commencé, & par conséquent elle ne
peut point finir. On n'y trouve point de
premier, second, troisiéme moment, &c.
Cela marqueroit des instans, & des intervalles de durée, qui ne peuvent s'ac-
commoder avec l'éternité. Si elle se di-
stinguoit par intervalles, elle ne seroit
plus éternité. Elle auroit commencé puis
que l'on conteroit son premier moment. Elle pourroit donc aussi finir, &

avoir un dernier moment, comme elle auroit eu fon premier.

Il n'en eft pas de même du temps. Il a eu fon commencement. Il aura auffi fa fin. C'eft pour cela, qu'il a fes momens, fes intervalles, qui commencent, qui finiffent, qui fuccédent les uns aux autres. Et en effet puis qu'ils ont commencé, ils doivent auffi finir. Si même on vouloit parler jufte, & à la rigueur, on devroit dire, que le temps n'eft que le moment, l'inftant, qui fe paffe, & qui s'écoule même en le marquant. Ainfi l'on ne parle peut-être pas fort proprement, quand on dit le temps d'une heure, d'un jour, d'une femaine, &c. On pourroit dire, l'efpace d'une heure, d'un jour, d'une femaine, &c. Mais pour le temps, à prendre ce mot à la rigueur, ce n'eft qu'un moment, qu'un inftant. On ne peut donc pas dire le temps d'une heure &c. parce qu'on feroit un affemblage monftrueux d'une chofe réelle, mais qui s'écoule, & qui s'enfuit dans l'inftant même, qu'on veut la conter, & de deux autres, dont l'une n'eft plus, parce qu'elle eft écoulée, & l'autre n'eft pas encore, parce qu'elle doit arriver, favoir les momens, qui font écoulez, & les momens à venir. A-

Avec tout cela pourtant, Monſieur,
ne croiez pas, que je demande qu'on
faſſe un Dictionnaire nouveau. Il en eſt
des termes comme des jettons. On les
fait valoir, ce qu'on veut. L'uſage aiant
donc donné cours à ces expreſſions, que
je trouve peu exactes, je n'ai pas deſſein de faire un Procés au public pour cela. Ie me ſers volontiers des termes ſelon
l'uſage commun, & ordinaire. I'ai ſeu-
lement voulu marquer, ce que l'on pou-
voit, & ce que l'on devoit dire, ou pen-
ſer en ſuivant exactement & à la rigueur
les idées de la Philoſophie. Quoiqu'il en
ſoit, le temps a commencé par un premier
moment, avant quoi regnoit l'éternité
toute pure. Si l'on joint les momens les
uns aux autres on en fait une heure. De
pluſieurs on en compoſe une ſemaine, de
pluſieurs ſemaines un mois &c. Les Hommes ont inventé une maniere aſſez commode de conter les heures. Ils ſuppoſent,
que ſoixante premieres Minutes, comme
on parle, compoſent une heure. A-
prés quoi ils ont conté vingt quatre
heures pour un jour, parce qu'ils ont par-
tagé en vingt quatres portions égales l'eſ-
pace, qui s'écoule depuis le jour commencé juſques à ce qu'il eſt revolu. C'eſt

cc

ce que Moïse a voulu nous reprefen-
ter , quand il a dit Gen. 1. *Ainfi fut
le foir, Ainfi fut le matin, qui fut le premier
jour.* Ils ont enfuite compofé la femaine
de fept jours , le mois de trente jours,
peu plus, ou peu moins , l'Année de douze mois, & le fiécle de cent ans complets
& entiers.

Ce que je pofe de cette maniere, me
paroit abfolument inconteftable. Je ne
vois pas , qu'on y puiffe rien oppofer,
qui foit capable d'en affoiblir la verité. Ie
demande donc, fi l'heure eft entiere &
complete, avant que les foixante Minutes
foient écoulées ? On dit bien, qu'elle eft
commencée, qu'elle s'écoule, qu'elle eft
à un quart, à la moitié, aux trois quarts &c.
Mais elle n'eft une heure qu'au dernier
moment, qui la termine; la raifon en eft,
qu'une heure eft compofée dans fon tout
de foixante Minutes ou momens. A quoi
j'ajoûte qu'on ne peut jamais dire, que la
premiere heure foit le commencement
de la feconde, ni la feconde de la troifieme
parce qu'elle n'eft la premiere heure complete qu'à fon dernier moment. Apres
quoi le premier moment, qui la fuit, commence la feconde, & ainfi des autres con-
fecutivement. Comme donc, le dernier
mo-

moment finit l'heure, de même le premier, qui vient immediatement aprés,
commence celle qui la suit. Elle ne commence pas plûtôt.

Attachons nous, Monſieur, à la premiere heure du monde. Qu'eſt-ce qui l'a
commencée. Ie ne croi pas, qu'on me
puiſſe dire, que c'eſt l'éternité. Ce ſeroit ſuppoſer, que l'éternité a fini pour
commencer le temps, Cela ſeroit abſurde au dernier point. L'éternité, & le tems,
n'ont point d'autre liaiſon, ſinon que le
tems coule dans l'éternité. D'où il faut
conclure, que le premier moment de la
durée du monde a été le commencement,
le premier inſtant de la premiere heure.
On doit dire la même choſe des jours, des
années, des ſiécles. La maniere de les conter doit être égale, & uniforme. Il ne faut
pas conter les jours, par exemple, d'une fa-
çon, les années & les ſiécles d'une autre.
Tout doit être ſupputé de même. La rai-
ſon le veut ainſi, & je ne comprens pas,
ſur quoi fondé on voudroit changer ainſi
la maniere de conter.

Cela étant poſé il faut reconnoître, que
l'année n'eſt complete, & achevée qu'au
derniers de ſes momens, lors qu'il eſt é-
coulé. De là l'on doit inferer par une con-
ſe-

quence neceſſaire, que la ſuivante ne commence qu'aprés ce dernier moment, lors
que celui, qui le ſuit ſe paſſé, & s'écoule
comme les autres, qui l'ont précedé. L'année n'eſt donc revolue à proprement parler, qu'au dernier moment, qui fait la clôture de ſa durée. Cela fait voir que l'année 1699. n'a fini qu'à ſon dernier moment, préciſement lors que l'an 1700.
a commencé de couler par ſa premiere minute , ſuivie de toutes celles, qui
lui ſuccedent. Cela me paroît être d'u-
ne inconteſtable verité. Car aprés tout,
comme le premier moment commence
l'heure; de même le dernier la finit. Il en
eſt de même de l'année. Le premier jour
la commence, le dernier jour la finit. Il faut
dire la même choſe du ſiécle. La premiere année le commence. La centiéme en eſt
la derniere, qui le finit. Voilà ce me ſemble l'uſage public, & general ſur le pied de
cent ans pour un ſiécle. Tout cela fait
voir, que le nombre des années d'un ſiécle eſt un nombre pair , de cent ans entiers, & complets, qui commencent par
un, deux, trois &c. juſques à cent, ni plus
ni moins. Cependant, ſi on commençoit
le dix-huitiéme ſiécle à 1700. il faudroit
en remontant des uns aux autres, que le
premier, ou quelqu'un de ceux, qui ſe

font écoulez, n'eût été que de 99.ans. Ce qui est absolument faux dans la suppoſition commune, & ordinaire de cent ans entiers pour un ſiécle.

On dira peut être, que le ſiécle précedent a commancé l'an 1600.par exemple, & qu'en remontant ainſi juſques au premier.On a toûjours commencé le ſiécle ſuivant,par l'année centiéme du ſiécle,qui a précedé. Ie repons,que c'eſt là preciſement, ce qui vient d'être dit, que le premier,ou quelqu'un des ſiécles,écoulez n'a été que de 99.ans. C'eſt ce qui repugne à la ſupputation, ordinaire des hommes, qui ont aſſigné cent ans complets à un ſiécle. Sur ce pied là on doit néceſſairement avoüer, que l'an centiéme, ferme le ſiécle, qui vient de s'écouler, & qu'ainſi le ſuivant ne doit commencer a être conté qu'au premier moment,que l'année ſuivante commencera.

Ce que je dis,eſt fondé ſur ce que le tems a commencé avec le Monde, que le premier inſtant de la durée, & de la ſubſiſtance du Monde a donné l'être au temps. La premiere année a donc du finir, & être complette & revolue,avant que la ſeconde commençât. Ainſi le ſecond ſiécle n'a pû commencer qu'au moment, que le prémier

mier

mier a fini. Or il eſt certain, qu'il n'a pû finir qu'avec la centiéme de ſes années. Que l'on entaſſe tant de ſiécles, que l'on voudra, les uns ſur les autres, je ſoutiens que ſi l'on reconnoît, que le ſiécle doit avoir cent ans entiers, on doit néceſſairement avoüer, qu'un ſiécle ne peut commencer, qu'aprés que les cent années du precédent ſont révolues par leur dernier moment. D'où l'on doit inferer, que la centiéme année ne peut jamais être le commencement du ſiécle nouveau. Elle ne peut être dans la verité que la clôture du ſiécle, qui finit.

Je ne ſai, Monſieur, ſi mon hypotheſe vous plaira. Mais je crois l'avoir bien fondeé. Moïſe lui-même me la fournie. Gen. 1. *Ainſi fut le ſoir. Ainſi fut le matin, qui fut le premier jour.* Si c'eſt le premier jour de la premiere année du Monde, cette premiere année ne peût être en aucune maniere le commencement de la ſeconde, qu'en ce qu'elle la précede. Mais enfin cette premiere année n'a été complette qu'à ſon dernier moment. D'où je conclus, que la ſeconde n'a commencé qu'à l'inſtant que la premiere a fini. Ainſi le premier moment ſuivant eſt le premier de la ſeconde année. A conter donc de cette maniere le ſiécle finit avec la cen-

tiéme année. Voilà pourquoi la centiéme
année ne peut jamais être le commencement du Siécle fuivant. Cela paroit abfur-
des au dernier point en pofant les chofes
de la maniere que j'ay fait.

Je ferois bien aife de favoir les raifons
de l'opinion contraire. Je ne les puis de-
viner. Il me femble pourtant, qu'elles ne
pouvent tenir contre cette hypothefe. J'ai
pris la chofe *ab ovo*, comme on parle, dans
fon vrai principe. Je crois donc, que l'o-
pinion contraire ne peut avoir aucun lé-
gitime fondement.

On pourroit ajoûter beaucoup de chofes pour l'éclairciffement, & pour la con-
firmation de ce que je viens de dire. Mais
en voicy une dont je me contenterai, parce qu'elle doit fuffire à mon avis. On conte les heures en France fur le pied de mon
hypothefe, une heure, une heure un quart,
une heure & demie, trois quarts, deux
heures, &c. Une heure donc n'eft écoulée,
à proprement parler, qu'à fon dernier moment. Deux heures ne commencent qu'a-
vec le premier moment, qui s'écoule pour
les foixante minutes, qui doivent compo-
fer fa durée.

Dans ces Provinces, & en Allemagne
on conte un peu autrement. On dit une
heu-

heure, demi-deux, deux, demi-trois, &c. Cela ne
change pourtant rien dans le fonds. On y conte u-
ne heure, quand les soixante minutes, qui la com-
posent, sont achevées. Et pour ce qui est de demi-
deux, demi-trois, &c. c'est seulement pour marquer, que la moitié des minutes, qui font l'heure
suivante, est déja passée. Au reste on conte deux
heures, lors que les soixante minutes sont écoulées.

Cela se voit d'une maniere incontestable en
commençant de conter par le premier moment,
qui a commencé avec le Monde. Car en effet quand
ce premier moment a été passé, il a été vrai de dire,
que la premiere heure du Monde étoit commencée.
Mais cette heure n'a été complette que par la soixantiéme minute. Ainsi le jour n'a fini qu'avec la
vingt quatriéme heure, & de même dans la suite à
l'égard des semaines, des mois, des années, & des
siécles.

On dira peut-être, que l'heure suivante commence au premier moment, qui suit l'heure precedente.
Cela est vrai. Mais la premiere heure n'est complette qu'au moment, qui la finit. Et par conséquent
l'heure, qui la suit, ne commence qu'au premier
des momens, qui doivent marquer son étenduë.
D'où il faut conclure, qu'elle ne s'acheve qu'au
dernier moment qui doit en faire la clôture. La premiere minute donc la commence. Mais elle ne l'a-
cheve pas. Cela n'appartient qu'à la soixantiéme.

J'en revient là enfin, Monsieur, que le premier
siécle du Monde aiant été composé de cent ans
complets, & revolus, les autres doivent être de cent
ans tout de même. Ainsi en les entassant les uns sur
les autres, l'an 1700. doit faire la cloture du dix-septiéme siécle. Le dix-huitiéme ne doit commencer,
que quand l'année courante sera entiérement a-
chevée. J'ai toûjours vû conter de cette sorte, un,
deux, trois, &c. Je ne change rien dans la maniere
ordinaire de supputer. L'opinion contraire, quelles
qu'en

e raifons, furprend par je ne fai quoi
e. Si elle a des partifans, je vois pourtant,
que l p ûpart du monde s'en choque. Je vous a-
voue, que je n'aime ni les nouveautez, ni les opinions fingulieres. Elles font du bruit dans le monde.
Mais ce bruit n'eft pas toûjours fort avantageux à
ceux, qui en font les Autheurs par leurs opinions
particuliéres.

Je ne viens conte de réfuter une petite objection,
que l'on pourroit me faire. C'eft que tout ce que j'ai
dit, peut-être bon pour les fiécles de la durée du
monde. Mais qu'il s'agit ici des fiécles de l'Ere chrétienne, que par confequent les chofes doivent fe
conter d'une autre maniere. Mais on fe tromperoit,
fi on raifonnoit ainfi. Les fiécles, qui s'écoulent depuis la venuë du Seigneur, ont commené comme
ceux du Monde, par un premier moment, par une
premiere heure, par un premier jour, &c. Si donc
nous fuppofons enfuite, que le fiécle doit être compofé de cent ans, le fiécle fecond doit néceffaire-
ment commencer, aprés que les cent ans du premier font achevez. Ainfi la centiéme année finit le
premier fiécle, lors que le dernier moment de la
centiéme année s'écoule. Alors le premier moment
de la premiere année du fecond fiécle commence,
& c'eft alors auffi, que l'on doit dire, que l'on doit
conter la premiere année du fiécle fuivant. Sans cette maniere de fupputer il faudra de toute néceffité,
que le premier de ces fiécles, ou quelque autre, tel
qu'on voudra, ne foit que de 99. ans. Ce qui fera di-
rectement contraire à l'établiffement, que les
hommes ont faits de cent ans pour un fiécle.

Ce qui fait felon toutes les apparances l'erreur de
tout ce calcul nouveau, c'eft, que depuis long temps
on entend parler de toutes parts de l'année fainte,
qui confacre le fiécle nouveau. Mais tout cela ne
donne aucun lieu de croire, que cette année com-

men-

mence le fiécle. Le Pape même s'en eft foi
expliqué dans fa Bulle d'Indiction. Il appell
1700. *la centiéme du fiécle, & pofe, qu'on doit
célébrer un Jubilé à chaque centiéme année,
qui s'écoule depuis la falutaire incarnation
de noftre Seigneur Jefus Chrift*. Mon hypothefe confirme cette verité d'une maniere inconteſtable. Je ne vois aucune raifon qui puiffe favorifer
l'opinion contraire.

Vous jugerez de tout ceci, Monfieur, vous qui jugez fi finement de toutes chofes. Je ne fai, fi je me
trompe. Je me flatte pourtant, que vous prononce-
rez en ma faveur, parce que je crois avoir la verité
de mon cofté. Au refte cette queftion ne valoit peut
être pas trop la peine d'être difcutée. Mais il m'a
femblé, qu'il n'étoit pas jufte de laiffer les gens dans
l'erreur, quoi que dans une chofe de trés peu d'im-
portance. D'ailleurs il eft par fois à propos de s'atta-
cher à des bagatelles pour fe récréer l'efprit, qui ne
doit pas toûjours être tendu à des fujets graves &
ferieux.

En tout cas je ferai bien fatisfait, fi cela peut vous
donner quelque petit plaifir pendant quelques momens. Il y a même des endroits que je n'ai pas voulu pouffer, qui ne laiffent pourtant pas de contenir
de certains avis indirects à des gens, qui donnent un
peu trop dans les folies de Rome, & dans les nouveautez. Il eft ridicule au dernier point, que nos Pro-
teftans aillent à grands frais à Rome pour être les té-
moins, s'ils peuvent, de toutes les fades & impertí-
hentes cérémonies du Jubilé. Mais il n'eft peut-être
pas moins abfurde d'embraffer témerairement des
opinions paradoxes, fingulieres, & tout à fait bour-
rués. Laiffons les faire les uns & les autres, & nous
contentons de rire à leurs dépens. Aimez moi toûjours, & me croiez   Monfieur   Voftre &c.

A... le 28. Janvier de l'an 1700, qui eft le dernier du dix-feptiéme fiécle.

ALMANAC PERPETUEL

Les douze Mois de l'Année.

☉	☾	♂	☿	♃	♀	♄	IANVIER OCTOBRE 31					AVRIL 30 IUILLET 31					SEPTEMBRE 30 DECEMBRE 31					IUIN 30					FEVRIER 28 MARS 31 NOVEMBRE 30					AOUST 31					MAI 31				
Sol	Lun.	Mars	Mere	Jupit	Venu	Satur																																			
...	...	...	...	...	...	...																																			
Dim.	Lund	Mard	Mecr	Jeud.	Vend	Sam.	1	8	15	22	29	30	2	9	16	23	31	3	10	17	24		4	11	18	25		5	12	19	26		6	13	20	27		7	14	21	28
Lund	Mard	Mecr	Jeud.	Vend	Sam.	Dim.	2	9	16	23	30	31	3	10	17	24	—	4	11	18	25		5	12	19	26		6	13	20	27		7	14	21	28	1	8	15	22	29
Mard	Mecr	Jeud.	Vend	Sam.	Dim.	Lund	3	10	17	24	31	—	4	11	18	25	—	5	12	19	26		6	13	20	27	1	7	14	21	28	1	8	15	22	29	2	9	16	23	30
Mecr	Jeud.	Vend	Sam.	Dim.	Lund	Mard	4	11	18	25	—	—	5	12	19	26	—	6	13	20	27		7	14	21	28	2	8	15	22	29	2	9	16	23	30	3	10	17	24	31
Jeud.	Vend	Sam.	Dim.	Lund	Mard	Mecr	5	12	19	26	—	—	6	13	20	27	—	7	14	21	28	1	8	15	22	29	3	10	17	24	31	3	10	17	24	31	4	11	18	25
Vend	Sam.	Dim.	Lund	Mard	Mecr	Jeud.	6	13	20	27	—	—	7	14	21	28	1	8	15	22	29	2	9	16	23	30	3	10	17	24	31	4	11	18	25		5	12	19	26
Sam.	Dim.	Lund	Mard	Mecr	Jeud.	Vend	7	14	21	28		1	8	15	22	29	2	9	16	23	30	3	10	17	24	4	11	18	25		5	12	19	26		6	13	20	27

Nouveau Stile Centiéme Année, pour trouver le premier jour de chaque Année.

1600			1700			1800			1900		Commence par 1. 29. 57. ou 85.						
Dim.		☞	Vend			Mecr.		☞	Lund.			Sam			Ieud.		Mard.
Sam.	Lund.	Mard.	Mecr.	Ieud.	Sam.	Dim.	Lund.	Mart.	Ieud.	Vend.	Sam.	Dim.	Mard.	Mecr.	Ieud.	Vend.	Dim.	Lund.	Maid.	Meer.	Vend.	Sam.	Dim.	Lund.	Meer.	Ieud.	Vend.
1900			1700			1600			1800			2000			1500.		1700

Vieux Stile Centiéme Année, pour trouver le premier jour de chaque Année.

EXPLICATION

DE

L'ALMANAC

PERPETUEL

Compofé fuivant le nouveau & le vieux
ſtile.

MONSIEUR,

VOus m'avez tant ſollicité de vous
donner une explication de cet Almanac, que je me ſuis enfin laiſſé aller à
vos ſollicitations. Je vous l'envoye donc
ſuivant voſtre deſir, avec l'impreſſion de

A 2

l'All'Almanac. Au commencement on y voit 7. colonnes ou divisions contenant les 7 jours de la semaine, & commençant chacune par un jour particulier. Dans les 7 grandes colonnes qui suivent, sont les 12. mois de l'année, & les nombres des jours, dont ils sont composez, avec 31. de suite, & les nombres suivans. Remarquez que les mois renfermez dans un espace, conviennent ensemble, au sujet des jours de la semaine. Sous l'Almanac il y a une petite table, qui sert à trouver dans tous les siécles le premier jour de l'année &c. tant pour le vieux stile, que pour le nouveau. Pour pouvoir se servir de l'Almanac pendant toute l'année, il n'y a qu'à appliquer une brochete ou un papier de couleur, ou bien quelqu'autre marque au dessus de la Colonne qui commence par le premier jour du nouvel an, où les jours de la Semaine sont marquez au dessus par des points. Par exemple le premier jour de l'an 1700. nouveau stile est un Vendredi, il faut donc mettre la marque sur le point qui est au dessus du jour qui est la colonne de Vendredi, & alors les nombres au plus haut au dessus des mois

sur

ſur toute la ligne ſont tous les vendredis de l'année, ſur la ſeconde ligne ſont
les ſamedis, ſur la troiſiéme les dimanches, ſur la quatriéme les lundis &c. Pour
trouver le jour du mois, comme par exemple quel quantiéme eſt Vendredi vers le commencement du mois de Juin on verra
vendredi dans la Colonne, au deſſus de
laquelle la marque eſt appliquée, & ſur
la ligne de ce Vendredi tirée directe-
ment, & qu'on doit ſuivre juſques ſous
Juin, on trouve le nombre 4. ce 4. de
Juin eſt donc un Vendredi, & le 11.
le 18. le 25. ſont les autres Vendredis de
ce mois de Juin. Au contraire, lors qu'-
on deſire ſçavoir un des jours de la ſemai-
né par exemple quel jour de la ſemaine
eſt le 25 Decembre 1700 nouveau ſtile, on cherchera ſous Decembre le nombre de 25, & révenant en droite ligne vers le commencement juſques à la
colonne, au deſſus de laquelle eſt la
marque, on trouvera ſamedi qui eſt le 25
Decembre 1700 nouveau ſtile. Pour
trouver par le jour de la ſemaine &
le quantiéme du mois, le mois qu'on peut
avoir oublié, par exemple Vendredi 4 du mois
quel mois eſt-ce ? Sur la ligne du Ven-
dre-

dredi placé à la colonne qu'on a marquée, cherchez le nombre 4 au deſſus duquel eſt Juin; ce mois donc eſt celuy que vous cherchez. Enfin lors qu'on a une année Biſſextile il faut le 29 Février avancer d'un jour la marque du premier jour de l'an, ce qui acheve les dix mois ſuivans. Remarquez que le jour du nouvel an, étant marqué dans le vieux ſtile, l'uſage ſuivant, ce ſtile eſt la meſme choſe que celuy que nous venons de propoſer.

Uſage de la petite

TABLE

au deſſous.

POur preuve que le premier jour de l'An 1700. nouveau ſtile, ſe rencontre le vendredi, on verra dans cette petite table à la ſeconde colonne où eſt 1700. & on comptera joignant ſamedi 1695 le lundi 96 le mardy 97 le mecredi 98. le Jeudi 99 &c. de ſorte que le nombre de 1700 s'arrete au vendredi, qui de cette maniere eſt le premier jour de l'an 1700 nou-

nouveau stile. Remarquez que 85 est un des nombres marquez sur la petite Banderole L'on doit à present une dixaine à cause du siecle, & compter par 95 par lequel pour abreger, on commence à compter, comme étant le plus proche de 1700, pour compter jusques-là. C'est ainsi qu'on trouve le premier jour de chaque année pour les siecles passez, presens & à venir, suivant les deux stiles. De plus pour trouver le jour de la semaine, auquel quelqu'un est né, par exemple quel jour de la semaine le Roi Guillaume est né, qui fut le 14 Novembre 1650 nouveau stile. De cette maniere on trouve aprés avoir commencé à compter par le plus proche Lundi par 29 que le premier jour de l'an 1650 fut un samedi, c'est pourquoy voyez dans l'Almanac sous Novembre le 14 & reculant en droite ligne jusques à la colonne, qu'on commence par samedi, vous trouvez Lundi. De sorte que le jour de cette illustre naissance fut un Lundi. C'est de cette maniere qu'on trouve par le jour de la semaine, le quantiéme du Mois, auquel quelqu'un est né. Lors que Vôtre numeration finit dans cette petite table

à l'en-

à l'endroit où il y a deux jours l'un fur l'autre,
on trouve un année Biffextile, & alors on aura
égard au premier & au fecond jour de l'année
avançant au 29 Fevrier la marque d'un jour
plus avant. Remarquez que les centiémes années 1700. 1800. & 1900 nouveau Stile ne
font pas fuivant l'ordre du nouveau ftile des
années Biffextiles. C'eft pourquoy l'on ne fe fert
que d'un jour fçavoir de celui qui eft indiqué
par la petite main. Nous finirons noftre explication de crainte de vous ennuyer. Avant
qu'elle foit achevée d'imprimer, nous ne man-
querons pas de vous envoyer l'autre explication de nôtre Almanac, que nous avons fait
graver en taille douce pour la curiofité des a-
mateurs qui me l'ont demandé, & nous les
joindrons enfemble. Je fuis,

MONSIEUR,

Voftre plus humble
& plus affeĉtionné Serviteur,

Nicolas Chevalier.

EXPLICATION

Ample de l'ufage de

L'ALMANACH,

Donné fur une Medaille au Public,
PAR

NICOLAS CHEVALIER.

*Explication du premier côté
de la Medaille.*

SUr ce premier côté il y a trois Ronds, dont le troifiéme & le plus petit renferme un quarré. Ces Ronds & ce quarré font coupéz, ou diverféz par des lignes.

Le premier Rond contient les centiémes années 1600. 1700. 1800. & 1900. avec ces nombres 3. 4. 5. & 6. pour marquer que dans ces fiécles, le nouveau & le vieux Stile diferent d'un pareil nombre de jours au deffus d'une Semaine, ou de fept jours. Ces autres nombres 1. 2. 3. &c. qu'y font auffi gravéz, fervent à montrer, comment on doit à droite compter de

B   cha-

châque fiecle, jufques à l'année qu'on fe
propofé, pour trouver le jour de laSemai-
ne, par lequel commence cette melme
année.

Dans le deuxiéme on trouve les jours
de la Semaine, qui font les premiers de
l'année.

Au troifiéme Rond font compris
les jours de la Semaine, qui doivent
être les feconds de l'année. Trois de ces
jours, fçavoir Vendredi, Mecredi, &
Lundy font precedez chacun d'une main,
qui indique qu'on ne doit fe fervir que
de ces jours, quand c'eft juftement 1700.
1800. ou 1900. parce que fuivant l'Infti-
tution Gregorienne, ces centiémes années font des années communes, & non
Biffextiles.

A l'égard du quarré, il eft divifé tant
dans fa hauteur que dans fa largeur, en
fept parties, qui renferment les 12. mois
de l'année, avec le nombre des jours, qui
compofent leur durée, & celui de 31 jours,
qui fait un des plus grands mois.

l'Usage du premier côté de la Medaille.

POur se servir de cet Almanac, il est necessaire de sçavoir, quel est le jour de la Semaine par lequel l'année a commencé, & pour le retenir, il faut à le premier jour de l'an, apliquer un petit papier rouge, qu'on fera tenir, avec de la gomme devant le nom de ce même jour de la Semaine, qui est le premier de l'année, savoir devant celûi, qui pour une plus courte explication, est posé dans la petite boite de la Medaille, qui est imprimé en Flament & pour la commodité des curieux nous le metteront ci bas, en François.

Usage de la Medaille.

Dimanche, Lundi, Mardi, Mecredi, Jeudi, Vendredi, Samedi.

Apliquez au commencement de l'année devant le jour de la Semaine, qui commence icette même année un petit papier rouge gommé. Par exemple,au commencement de 1700.voftre petit papier rouge doit être mis devant Vendredi,jour de la femaine, par lequel commence cette mefme année. Si l'on ne fe fert pas de ce moïen, il faut compter fur le Rond des jours de la Semaine à droite, les jours depuis 1600.jufques à 1700.&c l'on trouvera Vendredi, l'année qui tombe fur deux jours eft u-ne année Biffextile, le jour qui eft pofé au deffus fert pour les 2.premiers mois &c celui qui eft au deffous pour les 10 autres mois,Fevrier ayant alors 29 jours.Par le Vendr. qui commence l'année, on connoit tous les Vendr,de cette mefme année.Car le 1.le 8.le 15 le 22.&c le 29.font les Vendredis de Janv.&c d'Octob.Le 2.le 9 le 16 le 23 &c le 30.font les Vendredis d'Avril &c de Juillet.Le 3 le 10 le 17 le 24 &c le 31 font les Vendr.de Septemb.&c de Decembre, &c ainfi de fuite. Par ce moyen on peut pandant, jtout le cours de l'année facilement connoitre le jour du mois.Par exemple quel quantié-me du mois eft Lundy vers le 10 ou le 12 jour d'Avril? Comptez ainfi, fur 2 joignant Avril,Ven-dredi,fur 3.Samedi,fur 4.Dimanche &c fur 5.Lun-di,aupres duquel on trouve 12. c'eft donc le 12. d'Avril qu'eft Lunddi. Au contraire quel jour de la femaine eft le 15.d'Août. Comptez de cette ma-niere fur 6 joignant Aouft, Vendredi, fur 7.Sa-medi &c fur 8.Dimanche,joignant lequel on trou-ve 15. Le 15 d'Aouft eft donc un Jeudi,&c.

CALENDARIUM PERPETUUM NOVI AC VETERIS
Nicolas Chevalier.

Par exemple; Vendredi étant le premier jour de l'année 1700. apliquez vôtre petit papier rouge devant ce nom Vendredi; l'année suivante 1701. devant Samedi, &c.

Remarquez que pour ôter le petit papier gommé, afin de l'apliquer l'année suivante devant un autre jour de la Semaine, il n'y a qu'à le mouiller un peu par dessus, & le lever lors que l'humidité aura assez penetré, & le rapliquer en même tems devant le jour de la Semaine, par lequel cette année suivante commencera.

Si c'est une année Bissextile, il faut apliquer un autre petit papier devant le jour de la Semaine qui suit immediatement le premier jour de l'année, parce qu'alors, on se sert de deux jours de la Semaine, qui font le premier & le second de l'année.

Quelle est la Methode dont il faut se ser-
vir, pour trouver tousjours sur la Me-
daille le jour de la Semaine par lequel
l'année commence, & cela à l'égard tant
des années passées & presentes, que de
celles qui sont encore à venir, suivant le
Nouveau & le Vieux Stile.

PAr exemple; Il est question de cher-
cher le jour de la semaine, qui commence l'année 1700. Nouveau Stile.

Pour le trouver on doit commencer
prés de 1700. & comter à la droite les
jours de la Semaine, suivant les nombres
1. 2. 3. &c. jusques à 1700. De cette maniere on tombera, en finissant de compter, sur un Vendredi jour de la semaine par lequel a commencé l'année 1700.

Remarquez que pour n'estre pas obligé à compter souvent, il faut commencer joignant la centiéme année par 1. 29.
57 85. ou 95. savoir par autant d'années,
qui marque, outre les siecles, la plus proche de celle qu'on se propose.

Par ce premier Vendredi l'on connoit
tous les autres Vendredis de l'année ; car
ces nombres, 1. 8. 15. 22 & 29. indiquent

 les

les Vendredis de Janvier & d'Octobre
2. 9. 16. 23 & 30. marquent ceux d'Avril
& de Juillet. 3. 10. 17. 24. & 31. montrent
ceux de Decembre, & ainſi de ſuite.

A compter par le vieux ſtile, tous
les jours joignant les Vendredis, ſont
les Lundis de chacun des mois a-
prés desquels on les trouve poſez, parce que ſuivant le vieux ſtile l'année commençant par un Lundi, ſuivant encore ce
même ſtile, tous les Lundis de l'année
ſont connus.

*Exemple, qui fait voir comment on doit
trouver, ſuivant le vieux ſtile, le jour
de la ſemaine par lequel commence l'année 1697.*

ON trouve le nombre 4. poſé joignant 1700. Il faut donc compter trois jours au de là de Vendredi
premier jour de l'année, ſuivant le nouveau ſtile, & en finiſſant de compter on
tombera ſur Lundi, jour de la ſemaine, par lequel ſuivant le vieux ſtile, commence l'année 1700.

Lors qu'on acheve de compter à l'endroit ou deux jours ſont marquéz, ſavoir
le premier & le ſecond de l'année, c'eſt

une

une marque que l'année est Bissextile, &
alors le premier jour sert pour les deux
mois, qui sont placez les premiers, savoir Janvier & Fevrier , & les second
jour pour les autres 10. mois.   C'est
pour quoi il faut alors marquer ces deux
jours pour les retenir , le mois de Fevrier, ayant cette année là 29. jours.

Si l'on veut savoir quel a été dans les
siecles passéz, le premier jour d'une année, il n'y a qu'à compter les centiémes
années en remontant depuis 1600. &
dire 1500. sur 1900. 1400. sur 1800. &
continuer de même, on trouvera, &
commençant ainsi en remontant, par
la methode ci-dessus le jour de la semaine par lequel l'année qu'on se propose a
commencé.

Pour trouver aussi dans les siecles à
venir, & au de là de 1900. le jour de
la semaine par lequel une année doit
commencer ; il faut suivre 1900. & dire 2000. sur 1600. 2100. sur 1700. 2200
sur 1800. continuant ainsi de suite on
trouvera par cette même methode ci-
dessus, le jour de la semaine par lequel
l'année qu'on se propose de ces siecles
doit commencer,

On

On peut voir dans la petite table ci-
deſſous prés de ces ſiecles, les nombres
ſervant à marquer les jours qui doivent
être comptez au de là du jour de la ſemaine par lequel l'année commence ſuivant le nouveau ſtile pour pouvoir auſſi trouver le premier de cette même année ſuivant le vieux ſtile.

1600	1700	1800	1900
3	4.	5.	6.
2000	2100	2200	2300
4	0.	1.	2.
2400	2500	2600	2700
2.	3.	4.	5.
2800	2900	3000	3100
5.	6.	0.	1.
3200	3300	3400	3500
1.	2.	3.	4.
3600	3700	3800	ſiecles
4.	5.	6.	jours	&c.

Trouver sans se servir du rond des jours de la Semaine, par le jour de la semaine, & celui du mois, quel est le premier de l'année.

POur trouver, par exemple, par le Dimanche 16 de Mai 1700. N. S. le premier jour de l'année, il faut compter de cette maniere sur Avril joignant 16. Diman. sur Septembre, Lundi, sur Juin, Mardi, sur Mars, Mecredi, sur Aoust Jeudi, & sur Mai le mois proposé, Vendredi, jour de la semaine par lequel a commencé l'année 1700. N. S. comme étant une année commune.

Remarquez que pour savoir sans se servir du Rond des jours de la semaine, si l'année qu'on se propose est commune ou Bissextile, il faut suivre la même methode, en commençant par un jour de la semaine & du mois dans les deux premiers Janvier & Fevrier, & ensuite dans l'un des 10. autres mois de l'année si vous rencontrez le même jour, c'est une année commune, mais si vous trouvez deux jours differens derriere un jour

de

de la femaine qui fuit, ce fera une année Biffextile.

Si, par exemple, on veut trouver par le Mecredi 17. Fevrier V. S. le jour de la Semaine, qui commence l'année, il faut compter ainfi. Sur Septembre joignant 17. Mecredi fur Juin, Jeudi, & fur Fevrier le mois propofé Vendredi, premier jour de l'année 1700 V. Stile.

Afin de pouvoir fe fervir pendant toute l'année fuivant le N. & le V. S. de cet Almanac, il faut marquer le jour de la femaine par lequel commence cette même année.

Trouver par le jour de la femaine, qui commence l'année, le jour du mois.

ON defire de favoir, par exemple, quel quantieme du mois eft Mercredi vers le 18. le 20. ou le 21 de Janv. de l'année, 1700. N. S.

Comme l'on fçait par le Vendredi premier jour de l'année, que le 1. le 8. le 15. le 22. & le 29. de Janvier font des Vendredis, il n'y a qu'à compter de la maniere fuivante ; Vendredi le 15. Samedi le 16 Dimanche le 17. Lundi le 18. Mardi le 19. & Mecredi jour propofé le 20. c'eft donc le 20. Janvier qui eft Mecredi.

Par cette methode on connoit en même tems que s'eft le troifiéme Mecredi du mois ; car le premier Mecredi eft le 6. le deuxiéme le 13. le troifiéme le 20. & le quatriéme le 27, de Janvier.

C'eft la mefme chofe du mois d'Octobre ; car tout ce qui eft trouvé à l'égard d'un mois fe doit entendre de la même maniere pour celuy qui fuit immediatement, vû que les mois pofez l'un auprés de l'autre, commencent par le même jour de la femaine.

Trouver fuivant le V. S. ce qui eft propofé
ci-deffus.

IL s'agit, par exemple de connoiftre, quel quantiéme du mois eft Mardi, vers le 8. ou le 10. d'Aouft. 1700.
Si l'on fait par le Vendredi premier jour de l'année que le 2. le 13. le 20. & le 27. d'Aouft font des Vendredis, il fera facile de trouver ce qu'on cherche en
comp-

comptant ainſi : Vendredi le 6. Samedi
le 7. Dimanche le 8. Lundi le 9. & Mardi jour pour propoſé le 10. ce jour
de la ſemaine eſt donc le 10. du mois
d'Aouſt.

Trouver le jour de la ſemaine par le jour du mois.

VOus vouléz ſavoir, par exemple
quel jour de la ſemaine eſt Noël.
Comptez de cette maniere; joignant
Decembre le 24. vendredi, le 25 Samedi, 26 Dimanche, Noël eſt donc la Dimanche.

Trouver la même choſe ſuivant le V. S.

SI l'on veut ſavoir, par exemple, quel
jour de la ſemaine eſt le premier de
Novembre 1700 V. S.
Il faut compter ainſi, joignant Novembre le 5. Vendredi, le 6. Samedi, le 7. Dimanche, & le 1. Lundi,
le premier de Novembre eſt donc Lundi.
Par cette methode on peut auſſi connoitre quel jour de la ſemaine eſt le premier

mier, ou le dernier du mois , fuivant le
N. ou le V. S.

Il faut remarquer que nous avons marqué par une lettre capitale le jour de la
femaine , qui commence l'année, pour
n'eftre pas obligé à dire toujours , ce
jour de la femaine eft le premier de l'-
année.

Connoiftre le quantiéme de tous les Diman-
ches d'un mois.

POur favoir, par exemple quel quantiéme d'Avril ou de Iuillet 1700
N. S. font les Dimanches de ces mois.

Il faut compter de la maniere fuivante, joignant Avril & Juillet, le 2. Vendredi, le 3. Samedi, le 4. Dimanche. Les Dimanches de ces mois font donc le 11. le
18. le 25. Avril, ou de Juillet.

Cela ce trouve aufli de la même maniere fuivant le V. S.

Par cette Methode on peut aufli fçavoir le quantiéme des autres jours du
mois.

Scavoir premierement le quantiéme de tous
les Dimanches de chaque mois de l'année.

ON veut favoir, par exemple, quel
eft le quantiéme de tous les Di-

man-

manches de chaque mois de l'année
1700. N. S.

Pour ce effet il faut compter ainſi joignant Ianvier ou Octobre le 1. Vendredi, le 2. Samedi, le 3. Dimanche,
Ce jour de la Semaine eſt donc le 10.
le 17. le 24 & le 31. de Janvier & d'-
Octobre. Le 4. le 11. 18 & le 25 d'-
Avril, & de Iuillet. Le 5. le 12. le 19
& le 26. de Septembre & de Decembre, & ainſi de ſuite, car les Dimanches ſe ſuivent les uns les autres de même
que les mois.

Cette même Methode ſe pratique auſſi ſuivant le V. S.

Elle ſert encore à trouver le quantiéme de quelque jour que ce ſoit de chaque mois de l'année.

Pratiquer la même choſe d'une autre
maniere.

LE premier Dimanche de l'année
1700 étant le 3 Ianvier, il faut
compter de la maniere qui ſuit.

$$\text{Dite} \begin{cases} 3 \\ 4 \\ 5 \\ 6 \\ 7 \\ 1 \\ 2 \end{cases} \text{fur} \begin{cases} \text{Janvier, Octobre.} \\ \text{Avril, Iuillet.} \\ \text{Septembre, Decembre.} \\ \text{Iuin,} \\ \text{Fevrier, Mars, Novembre} \\ \text{Aouft.} \\ \text{May.} \end{cases}$$

Le fecond, le troifiéme, le quatriéme, & le cinquiéme Dimanche font pofez joignant le quatriéme du premier Dimanche de chacun de ces mois.

Voicy un autre exemple ; lors qu'on fçait que le 4 Iuillet eft un Dimanche il faut compter de cette maniere.

$$\text{Dite} \begin{cases} 6 \\ 7 \\ 1 \\ 2 \\ 3 \\ 4 \\ 5 \end{cases} \text{fur} \begin{cases} \text{Iuin.} \\ \text{Fevrier, Mars, Novembre} \\ \text{Aouft.} \\ \text{Mai.} \\ \text{Ianvier, Octobre,} \\ \text{Avril, Iuillet.} \\ \text{Septembre, Decembre.} \end{cases}$$

On void pas cet exemple que les Dimanches, fe fuivent comme ci-deffus.

C   Sça

Sachant le jour de la Semaine & celui du mois, trouver quel jour de la Semaine est le même quantiéme de tous les autres mois.

PAr exemple; le 4. Ianvier 1697. N. S. est un Vendredi, quel jour de la Semaine sera le 4. des autres mois ? Pour le sçavoir il faut compter de la maniere qui suit.

	Ianv. Octob.	Vendredi.
	Mai	Samedi.
	Aoust.	Dimanche
sur	Fev. Mars, Nov.	Lundi.
	Iuin.	Mardi.
	Septemb. Decem.	Mecredi.
	Avril. Iuil.	Ieudi.

Ces jours de la Semaine sont le quatriéme de chaque mois de l'année.

Autre exemple; le 19. de Mars 1697. N. S. est un Mardi, quel jour de la Semaine sera le 19. des autres mois. Pour le savoir doit compter ainsi.

$$\text{fur} \begin{cases} \text{Fev. Mars, Nov.} & - & \text{Mardi.} \\ \text{Iuin} & - - - & \text{Mecredi.} \\ \text{Sept. Decem.} & - & \text{Ieudi.} \\ \text{Avril. Iuil.} & - - & \text{Vendredi} \\ \text{Ian. Oct.} & - - & \text{Samedi.} \\ \text{Mai} & - - & \text{Dimanch.} \\ \text{Aouſt} & - - & \text{Lundi.} \end{cases}$$

On void que ces jours ſont le 19 de chaque mois.

Cette methode ſert auſſi pour le Vieux Stile.

Sçavoir par le premier jour de l'année, quel jour de la Semaine eſt le premier de chaque mois.

ON veut ſçavoir, par exemple; en quel jour de la Semaine commencent tous les mois de l'année 1697. N. S. pour cet effet il faut compter ainſi.

C 2

Ian.

$$
\text{fur}\begin{cases}
\text{Ianv. Octob.} & - & \text{Mardi.} \\
\text{Mai.} & - & \text{Mecredi.} \\
\text{Aouft.} & - & \text{Ieudi.} \\
\text{Fev. Mars, Nov.} & & \text{Vendredi.} \\
\text{Iuin.} & - & \text{Samedi.} \\
\text{Sept. Octob.} & - & \text{Dimanche.}
\end{cases}
$$

Avril, Iuil. - Lundi.

On voit que ces jours de la femaine font le premier de chaque mois.

Voici un autre exemple. Si l'on defire de fçavoir par quel jour de la femaine commencent tous les mois de l'année 1697. V. S. il faut compter de la maniere qui fuit.

$$
\text{fur}\begin{cases}
\text{Ian. Octob.} & - & \text{Vendredi.} \\
\text{Mai.} & - & \text{Samedi.} \\
\text{Aouft.} & - & \text{Dimanche.} \\
\text{Fev. Mars, Nov.} & & \text{Lundi.} \\
\text{Iuin.} & - & \text{Mardi.} \\
\text{Sept. Decemb.} & & \text{Mecredi.} \\
\text{Avril, Iuil.} & & \text{Ieudi.}
\end{cases}
$$

Ce font les jours de la femaine par où tous les mois de l'année commencent.

Remarquez de ces deux exemples renferment une feconde methode pour l'ufage de cet Almanac, par laquelle on peut répondre à toutes les queftions propofées ci deffus.

Trouver par le jour de la Semaine & celui du mois, le mois de l'année.

PAr exemple Samedi 25. du mois 1697. N. S.

Compter de cette maniere.

Ioignant 25.

Le mois de Mai eft celui qu'on s'étoit propofé de trouver ; & il faut remarquer qu'on s'arrefte à Mardi, premier jour de l'année, qui indique le mois.

Autre exemple; Mardi 24. du mois 1697. V. S.

Compter ainfi.

Ioignant 24.

Mar.

$$\text{dite} \begin{cases} \text{Mardi} \\ \text{Mecredi} \\ \text{Ieudi} \\ \text{Vendredi} \end{cases} \text{fur} \begin{cases} \text{Sept. Octob.} \\ \text{Iuin.} \\ \text{Fev, Mars, Nov.} \\ \text{Aouft, mois pro-} \end{cases}$$

pofé, & indiqué par Vendredi, premier jour de l'année.

Trouver l'année par le jour de la femai-ne & du mois.

PAr exemple ; Si Samedi eft le
4. Mai Nouv. Stil. en quelle année
eft ce l'année 1692. étant paffé, comp-
téz ainfi.

$$\begin{cases} 4. \\ 5. \\ 6. \\ 7. \end{cases} \quad \cdots \quad \cdots \quad \begin{matrix} \text{Samedi} \\ \text{Dimanche.} \\ \text{Lundi} \\ \text{Mardi,} \end{matrix} \quad \Big\} \text{ pre-}$$

mier jour de l'année qu'on s'eft propofé de trouver. Il faut donc voir dans le
rond des jours de la Semaine, & compter de fuite depuis l'année 1692. jufques
au premier Mardi aprés cette même année & l'on trouvera que l'année 1691. eft
celle qu'on cherchoit.

Trou-

Trouver les lettres Dominicales.

Par exemple dans l'année 1697. N. S.
Comme on connoit par Mardi
premier jour de l'année que le 6 de Janv.
est un Dimanche, il faut compter de la
maniere suivante de bas en haut.

$$\begin{cases} 1 & - & \text{F lettre Dominicale.} \\ 2 & - & \text{E} \\ 3 & - & \text{D} \\ 4 & - & \text{C} \\ 5 & - & \text{B} \\ 6 & - & \text{A} \end{cases}$$

Remarquez que la lettre, qui est joignant le 1. nombre est toûjours la lettre
dominicale.

Dans une année Bissextile les deux lettres sont joignant le premier & le second
de Janvier, & ces deux lettres sont les
Dominicales de l'année Bissextile.

Autre exemple, le Vendredi étant
l'année 1697. vieux stile le premier jour
de l'an, le 3. de Janvier est un Lundi. Il faut donc compter de la maniere suivante en commençant par le
bas.

1   C **Lettre Dominicale de cet-**
2   B **te même année.**
3   A

Trouver quelle lettre est posée dans l'Al-
manac devant le premier jour de cha-
que mois.

IL faut pour cet éfet compter de la
maniere suivante.

Ianv. Octob. –	A
Mai. – –	B
Aouft – –	C
Fev. Mars, Nov.	D
Iuin. – –	E
Septem Decem.	F
Avril, Iuillet.	G

Ce sont les lettres qui sont posées
dans l'Almanac devant le premier de
chaque mois.

Remarquez que ce n'est pas seulement devant le 1. qu'on pose ces lettres,
on les met aussi devant le 8. le 15. le 22
& le 29. de ces mois.

Trouver quelle lettre est posée devant tous les jours de chaque mois.

PAr ce que nous venons de dire ci-dessus, on conoist que la lettre E est posée devant le 1. le 8. le 15, le 22. & le 29. de Juin. C'est pourquoi devant le 2. le 9. le 16. le 23. & le 30. est posée la lettre F. Devant le 3. le 10. le 17. & le 24. la lettre G. devant le 4. le 11. le 18. & le 25. la lettre A. & devant le 5. le 12. le 19. & le 26. la lettre B. & ainsi de suite.

Trouver la diference du Nouveau & du Vieux Stile.

PAr exemple durant le siecle 1600.

On trouve dans le Rond des jours de la Semaine 3. joignant 1600. Il faut ajoûter à ce 3. sept jours, ce qui dans ce siecle 1600. fait 10 jours de diference entre le Nouveau & le Vieux Stile.

Joignant { 1600 1700 1800 1900 } est posé { 3 4 5 6 } ajoutez { 10 11 12 13 } jours

Pour la diference du Nouveau & du Vieux Stile, dans ces siecles.

Nicolas Chevalier.

Explication du revers de la Medaille de cette Almanac.

Pour trouver quel jour de la Semaine fuivant le Vieux Stile eft le premier de l'année, il faut compter en 1600. 3 jours de plus, en 1700, 4, en 1800. 5. en 1900. 6. fçavoir depuis Mardi N S. jufques à Vendredi, qui fuivant le V S eft le premier jour de l'année 1697 de même que Mardi fuivant le N S & par ce moyen l'on connoift tous les Vendredis de l'année fuivant le V. S. Pour trouver l'Epacte & le Nombre d'Or l'année 1697 comptez a droite depuis 1600 jufques a 97 où le compte finira fur VII l'epacte, & a cofté 7. Nombre d'Or. Pour trouver par ce même moyen le jour de Pafques fuivant le nouveau Stile, cherchez au 3me. Rond l'Epacte VII. à coté du mot Epacte & au quatriéme Rond le premier de l'année 1697. qui eft Mardi, ce Mardi eft le 1 en rang & deffous il y a 7. qui marque le 7. d'Avril jour de Pafques fuivant le N S. pour le trouver fuivant le Vieux Stile, cherchez au Rond du milieu le Nombre de 7. joignant ce mot Nombre d'Or, & au quatriéme Rond cherchez Vendredi, premier jour de l'année fuivant le Vieux Stile, & le premier auffi en rang, fous lequel il y a 4 qui marque le 4. d'Avril jour de Pafques fuivant le Vieux Stile. Lors que c'eft une anneé Biffextile, on fe fert du fecond jour pour trouver Pasques fuivant le V. & le Nouveau Stile. Par exemple l'année 1696. on a eu deux jours Dimanche & Lundi, l'Epacte étant XXVI cherchez la donc au 3me rond, & au 4me Lundi, qui fuit le premier apres l'Epacte fous lequel il y a 22 ce qui fignifie que cette année Pafques a efté le 22 d'Avril N S. C'eft fuivant ce jour que fe reglent devant & apres toutes les fêtes mobiles. Comme la place manque ici, on fera dans un petit livre particulier une defcription plus ample de l'ufage admirable de cet Almanac.

Explication du revers de la Medaille de cet Almanach.

CE Revers est divisé en 6. Ronds, dont les deux plus grands servent à trouver les Epactes & les Nombres d'or.

Les quatre autres Ronds, compris dans ces deux grands, sont nommez tous ensemble le Rond de Pâques.

Dans le premier de ces 4 Ronds, sont compris les 30. nombres de l'Epacte, suivant le nouveau Stile.

Dans le deuxiéme sont les jours de la Semaine, qui commencent l'année.

Le troisiéme contient les 25. jours d'Avril, indiqué par la lettre A. qui est à la fin de ces nombres, devant le mot *Pâques*; Et depuis le 22. jusques au 31. est le nombre des jours de Mars, marqué par la terre M. qui est joignant le mot Pâques, devant ces mêmes nombres.

Dans le quatriéme Rond sont les Nombres d'or Vieux Stile.

Ce quatriéme Rond renferme une Medaille emblématique, frapée l'an 1582

1582. à la Memoire du Pape Gregoire
XIII. Autheur du Nouveau Stile, revers une tête de belier avec les quatre
étoiles qui forment la conftellation d'a-
ries au Zodiaque. Sous la tête pend un
fefton de fleurs, dont les bouts paffans
entre les oreilles & les cornes du belier,
fe rejoignent en haut pour faire un nœud
au deffus de l'étoile qui marque le milieu du front, avec cette infcription.

ANNO RESTITUTIO. M. D. LXXXII.

Le tout eft environné d'un dragon
qui mort fa queuë. Pour bien compren-
dre cette Emblême il eft neceffaire de
favoir que les Egyptiens dans les Caracteres de leurs Talismans que nous
appellons *Hieroglyphiques* avoient de
repréfenter leur année & l'eternité même par le rond d'un ferpent mordant
fa queuë : que l'on ne fauroit mietix faire connoiftre l'Equinoxe du printems
que par le fefton de fleurs : & ce fefton
eft noüé fur l'étoille qui eft fur le front
du belier. Cela nous dénote la fitua-
tion

tion de l'Equinoxe du printems au premier du figne d'Aries, qui eft marqué par cette étoile, qui eft la premiere du même figne dans le Zodiaque. Cet emblême nous veut faire entendre le Revers de nôtre Almanac, allegoriquement la reftitution de l'année chrétienne dans un eftat ftable & perpetuel, par le rétabliffement de l'Equinoxe du printems à fon fiége fixe & immuable du premier d'Aries, c'eft à dire au vingt-uniéme de Mars. Ce Pape, qui étoit de la maifon de Buon Compagni de Boulogne, fe fervit de fes armes, qui étoient un dragon : ce qui fe raporte beaucoup au ferpent des Egyptiens : le feul changement qu'il y fit faire fut d'ajoûter la queuë du ferpent. Nous reprendrons l'Explication de noftre Revers. En voici l'ufage.

Ufage du revers de la Medaille. Trouver l'Epacte & le Nombre d'or.

PAr exemple : combien a-t-on dans l'année 1697. d'Epacte & de Nombre d'or.

Il faut commencer joignant 1600. & compter à droite suivant l'indication des nombres 1. 2. 3. &c. jusques a 97. & l'on tombera sur VII. 7. Ce VII. est l'Epacte. Et le 7. nombre ordinaire, est le Nombre d'Or de l'année 1697.

Pour n'être pas obligé à compter souvent, il faut commencer joignant les centiémes Années par 1. 20. 39. 58. 77. ou 96. savoir par le nombre d'années, que marque, outre les Siecles, la plus proche de celle qu'on se propose.

Joignant 1700. & 1800. sont posez ces deux caracteres S. I. pour faire connoistre que dans ces siecles on doit toûjours ôter ou soustraire 1. de l'Epacte, que l'on trouve durant ces mêmes siecles, afin d'avoir la vraye Epacte du nouveau stile, par ce que dans ces siecles 1700. & 1800. le nombre de l'Epacte diminuë d'un.

Dans le Rond de Pâques on trouve par l'Epacte le jour de Pâques suivant le nouveau stile, & par le nombre d'Or on le trouve suivant le vieux stile.

Trou

Trouver le jour de Pâques suivant le Nouveau Stile.

PAr exemple; quand eſt-ce qu'on á Pâques l'année 1697. ſuivant le nouveau ſtile ? Dans le Rond de Pâques joignant ce mot *Epacte*. Cherchez l'Epacte de l'année 1697. ſçavoir VII. & joignant ce mot *Jours* Mardi premier jour de cette année, qui ſuit le premier aprés *l'Epacte*, & ſous lequel il y a 7. Ce qui indique que Pâques eſt le 7. d'Avril.

Trouver le jour de Pâques ſuivant le Vieux Stile.

QUand eſt-ce qu'on a, par exemple, Pâques l'année 1697. ſuivant le V. Stile.

Dans le plus petit rond des quatre, qui ſont renfermez dans les deux grands joignant ce mot, *Nombre d'Or*. Cherchez le Nombre d'or de l'année 1697. ſavoit 7. & joignant ce mot *jours Vendredy*, premier jour de cette même année, qui eſt le premier aprés le *Nombre d'Or*

ſous

nous lequel eſt poſé 4. Nombre qui indique Paques eſt le 4. d'Avril.

Lors que c'eſt une année Biſſextile, on ſe ſert du premier, & du ſecond jour de l'année, & c'eſt alors le ſecond qu'on emploie pour trouver le Jour de Paques, tant ſuivant le Nouveau que le vieux ſtile, par ce qu'en l'année Biſſextile, on ſe ſert de ce ſecond jour de l'année, pour les 10. derniers mois dans l'un desquels doit être Pâques

Par exemple quand eſt-ce que Paques a été l'année Biſſextile 1688. N.S.

Dans le Rond de Paques joignant ce mot *Epaƈte*, cherchez l'Epaƈte de cette même année ſcavoir X X I I, & joignant ce mot *jours*, vendredy, deuxiéme jour de l'année 1688. qui ſuit le premier après l'Epaƈte, & ſous lequel eſt poſé 18. Ce nombre étant le quantiéme du Mois d'Avril de cette année 1688. qu'étoit Paques ſuivant le N. S. Et ſuivant le vieux c'étoit le 15. du même mois,

D

Trou-

Trouver par le jour de Paques les autres Fêtes mobiles & les quatre tems.

LOrs qu'on a trouvé quel quantiéme du mois de Mars ou d'Avril est Paques l'on peut toujours savoir quand sont toutes les autres Fêtes mobiles, & les jours de jeune.

Jours avant PAQUES		Jours aprés PAQUES	
Septuag.	63	Quasim.	7
Sexag.	56	Miseric.	14
Quinquag.	49	Jubilate.	21
Les cendres	46	Cantate.	28
Invoca.	42	Voc. Juc.	35
Reminis	36	Le jour de la croix	36
Oculi	28	l'Ascension	39
Lætare.	21	Exaudi	42
Indica.	14	La Pentecoste	49
Les Rameaux.	7	La Trinité	56
		S. Sacrement.	60

On compte le Carnaval depuis Noel jusqu'au Dimanche le plus proche du Mardi gras.

Les Dimanches qui viennent aprés le jour des Rois, & ceux qui sont devant le Dimanche Septuagesima, sont nommez suivant l'ordre des nombres le 1. le 2. le 3. &c. Dimanche, après le jour des Rois.

Les Dimanche apres la Trinité jusques

ques au premier Dimanche de l'Avant,
font nommez les Dimanches apres la
Trinité, de forte qu'ils fe fuivent les
uns les autres, felon l'ordre des nombres.

Le premier Dimanche de l'Avant, eft
toûjours celui qui eft le plus proche
du dernier jour de Novembre; c'eft a
dire le Dimanche qui vient apres le
26. de Novembre, & avant le 4. de
Decembre. Les trois Dimanches qui
fuivent font nommez le 2, 3. & 4. Dimanche de l'Avant.

Les Quatre tems viennent tous les
ans, le Meeredi, le vendredi, & le Samedi apres le Dimanche Invocavit,
ou Quadragefima prima; apres la Pen-
tecôte, apres l'exaltation de la Croix,
qui eft le 14. Septembre, & apres le
dernier Dimanche de l'Avant,

Je paffe exprés fous filence tout ce
qui refte encore à expliquer de cet
Almanach perpetuel, gravé fur une
Medaille, afin de laiffer aux Amateurs
des belles fciences de la matiere pour
exercer leur Curiofité.

Si les Curieux fe trouvent fatisfaits
je promets de donner au Public d'au-

trés femblables Medailles Chronologiques des Papes, de leur elevation, & du jour de leur decés, de même que des Empereurs & des Rois, & cela fur des Medailles feparées, de forte qu'il y en aura une pour les Papes, une pour les Empereurs, une pour les Rois d'Angleterre, une pour les Rois d'Efpagne, une pour les Rois de France, &c. Medailles qui ne peuvent être que trés utiles aux Hiftoriens & au Curieux. Celle des Rois d'Angleterre & des Rois de France vont paroiftre au premier jour avec leur explication, & un petit traité hiftorique de leur vie en abregé.

Il y a dans ma Chambre de raretés toutes fortes d'Antiquitez à vendre, avec toutes les Medailles modernes, de toutes fortes de Païs, qui fe font frapées depuis 30. Ans, comme on le pourra voir dans le Catalogue que je viens de mettre au jour pour la commodité des Curieux.

F I N.

TABLE.

Des Matieres, contenuës dans cet ouvrage.

Trou-

U 3

www.ingramcontent.com/pod-product-compliance
Ingram Content Group UK Ltd.
Pitfield, Milton Keynes, MK11 3LW, UK
UKHW022343070726
13614UKWH00003B/1129